Valentin Pikler

Nachhaltige Anlageentscheidung für Biogasanlagen in Ungarn

Erneuerbare Energien: Biogas

GRIN Verlag

Bibliografische Information der Deutschen Nationalbibliothek:

Die Deutsche Bibliothek verzeichnet diese Publikation in der Deutschen National-
bibliografie; detaillierte bibliografische Daten sind im Internet über http://dnb.d-
nb.de/ abrufbar.

Impressum:

Copyright © 2014 GRIN Verlag GmbH
Druck und Bindung: Books on Demand GmbH, Norderstedt Germany
ISBN: 978-3-656-87166-8

Dieses Buch bei GRIN:

http://www.grin.com/de/e-book/283270/nachhaltige-anlageentscheidung-fuer-
biogasanlagen-in-ungarn

Nachhaltige Anlageentscheidung für Biogasanlagen in Ungarn

Bálint Valentin Pikler

PhD Student

Kaposvár Universität, Ungarn

Abstract

Diese Studie untersucht zum einen die kombinierte Strom- und Wärme- sowie Bio-Methan-Produktion in Ungarn. Der Entscheidungsprozess in erneuerbaren Energien – insbesondere in Biogasanlagen – ist derzeit ein viel diskutiertes Thema. Der zweite Teil wird das Genehmigungsverfahren von Biogasanlagen präsentieren. Ich werde alle Einflussfaktoren und Regelungen von vorhandenen Inputstoffen auflisten, und die zurzeit geltenden Einspeisevergütung beschreiben und berücksichtigen. Im Entscheidungsprozess werden die makroökonomischen Aspekte für verschiedene Modelle verwendet werden.

Darüber hinaus wird die Studie verschiedene Investitionsrechnungen auf Basis von Einspeisevergütungen, EU-Investitionen und Anreizsystemen sowie das Programm zur Kostenreduktion in der Versorgung für die Bevölkerung zeigen. Dieses wird von der ungarischen Regierung initiiert. Der dritte Aspekt für die Investitionsentscheidung werden das Genehmigungsverfahren und die Kosten für die Anlage selbst sein. Diese werden auf zwei Referenz-Biogasanlagen berechnet, die je eine kleine und eine mittelgroße Einrichtung darstellen. Die Studie ist komplex; die Investitionsentscheidungen müssen gut mit Daten gestützt werden, da die Anlagen über Jahrzehnte laufen sollen. Der Betrieb von Biogasanlagen ist eine große und komplexe Aufgabe, denn der rechtliche Rahmen für erneuerbare Energien ist in den letzten Jahren leider permanent geändert worden. Diese Aspekte machen die vorliegende Studie notwendig, damit das Thema um eine weitere Untersuchung erweitert werden kann.

Stichworte: Entscheidungsprozess, Investment Biogas, Bioenergie, Biogas, erneuerbare Energien in Ungarn, Gebrauchskostenreduktion

1. Einführung und Hintergrund

Die sozialen und politischen Bestrebungen einer nachhaltigen Energieversorgung wurden in den letzten Jahren verstärkt in den Vordergrund gerückt. Dies ist auf die negativen ökologischen Auswirkungen des Klimawandels und den schwindenden fossilen Brennstoffen sowie auf die geänderten persönlichen Einstellungen zurückzuführen. „Erneuerbare Energie" ist das Schlagwort, das propagiert und von den Regierungen durch unterschiedlichste Gesetzgebungen unterstützt und gefördert wird. In der Zukunft werden konventionelle Energiequellen durch neue Energien ersetzt. Eine besondere Rolle spielt die Stromerzeugung aus Biomasse. Insbesondere die Biogasproduktion ist eine vielversprechende Form der Energiegewinnungsalternative. Kaltschmitt (2001). Die wirtschaftlichen und ökologischen Vorteile der Biogasproduktion liegen auf der Hand: für Planer, Hersteller, Errichter und Betreiber von Biogasanlagen bietet sie eine breite Palette von Aktivitäten. Insbesondere für die Landwirtschaft erschließen sich neue Einnahmequellen über die „Energieindustrie", zum Beispiel die Erzeugung von Energiepflanzen. Die Produktion von Biogas trägt außerdem zur natürlichen Ressourcen-Schonung und zu einer dezentralen Energieversorgung bei. Das Ziel dieser Fallstudie ist die Vorbereitung einer Investitionsentscheidung zwischen zwei sich gegenseitig ausschließenden Investitionsalternativen in Bezug auf die landwirtschaftlichen Biogasanlagen.

Der ungarische Energiemarkt wurde im Zuge seines Beitritts zur Europäischen Union (EU) vollständig liberalisiert. Die wichtigsten Anbieter sind sowohl in privatem als auch staatlichem Besitz (RWE, GDF, EON aus der EU sowie MVM und MOL aus Ungarn) Diese ungarischen Firmen haben noch einen beherrschenden Einfluss auf den Markt. Aus mehreren Eigenschaften des ungarischen Energiemarkts sind die deutliche Abhängigkeit von Importen und die geringe Energieeffizienz im europäischen Vergleich zu verzeichnen. Erdgas ist mit einem Anteil von etwa 43% (2009) des gesamten Primärenergieverbrauchs der wichtigste Energieträger in Ungarn. Die erneuerbaren Energien spielen bei der Primärenergieversorgung keine wesentliche Rolle. Laut einer Studie des WWF sank der Anteil der erneuerbaren Energien am Primärenergieverbrauch im Jahr 2008 um 5,6%. IEA und MVM zeigen einen Wert von weniger als 5%. Der Anteil der Energieträgers Gas an der Stromerzeugung in den letzten Jahren beläuft sich durchschnittlich auf 21,8% (Statistisches Amt: KSH). Die inländische Produktion von Primärenergieträgern in Ungarn sinkt stetig weiter. Im Jahr 1990 lag sie bei 48,5% und im Jahr 2000 bei 44,26%, die daraus resultierende Zahl für die Inlandsproduktion 2003 beträgt nur 35,6%. Diese Abhängigkeit wird besonders bei der zunehmenden Abhängigkeit von importiertem Öl und Gas deutlich: Im Jahr 2003 lag das Einfuhrkontingent von Erdgas bei etwa 80%, das von Ölprodukten bei 86% (Eurostat). Diese Faktoren zeigen, dass es weiterhin einen Bedarf an dezentraler und lokaler Energiegewinnung in Ungarn gibt. Einem weiteren Ausbau steht statistisch gesehen nichts im Wege.

1.1 Die Fallstudie: Ungarische Bauern als Investor

Der Bauer als Investor wird mit der Entscheidung konfrontiert, eine kleine 150-kW-Biogasanlage für die ausschließliche Vergärung von Gülle und Festmist aus dem betriebseigenen Milchviehbetrieb zu bauen, oder in eine größere 500-kW-Anlage zu investieren, die zusätzlich den nachwachsenden Rohstoff Maissilage zur Co-Fermentation verwendet.

Die Entscheidung im Sinne der wirtschaftlichen Bewertung erfolgt anhand ausgewählter Berechnungsmethoden und nicht-monetärer Kosten-Nutzen-Analysen. Wesentliche Daten dieser Studie basieren auf den veröffentlichten Laborwerten und Testergebnissen des deutschen Kuratoriums für Technik und Bauwesen in der Landwirtschaft eV (KTBL). In Ungarn ist der Datensatz nicht in dem Umfang wie in Deutschland vorhanden, aber beim Zentralamt für Statistik (KSH) gibt es Veröffentlichungen zum Thema.

1.2 Konzept und Arten von Investitionen

Unter einer Investition wird der Einsatz von Kapital verstanden, das heißt die langfristige Anlage in betroffene Vermögenswerte. Becker (2009), Hoffmeister (2008). Hier ist vor allem die Beschaffung von Bilanzaktiva (Anlagevermögen als langfristige Vermögenswerte im Gegensatz zu kurzfristigem Betriebskapital) ein sinnvoller Weg. Formal kann die Investition als Cashflow definiert werden, d.h. die Investition beginnt mit einer Frage und zieht die zukünftige Leistung (Cashflow) oder ein Nettoeinkommen mit sich. Blohm (2006), Seicht (2008), Walz (2009). Auch die Art der Investitionen kann in immaterielle Investitionen (Konzessionen, Patente, Lizenzen), Investitionen (Grundstücke, Gebäude, Maschinen) und Finanzanlagen (Beteiligungen, Wertpapiere) klassifiziert werden.

1.3 Anlageentscheidungen

Investitionsentscheidungen haben einen erheblichen Einfluss auf den Erfolg oder Misserfolg des Unternehmens, da sie in der Regel eine hohe und lange Kapitalbindung implizieren. Blohm (2006) Wegen der damit verbundenen langfristigen Folgen und regelmäßigen Auswirkungen auf andere Unternehmensbereiche, bedarf es einer intensiven Vorbereitung, in der die späteren Folgen der jeweiligen Anlagealternativen sorgfältig ausgewertet werden. Kruschwitz (2000). Die Investitionsentscheidung ist immer auch eine Beurteilung der Rentabilität einer Investition. Werden zu einem einzigen Projekt Investitionen getätigt, ist dies absolut vorteilhaft. Wenn eine Anlagealternative als relativ günstig erscheint, kann diese jedoch nur realisiert werden, wenn auch ihre absolute Vorteilhaftigkeit gegeben ist.

1.4 Ziele der Anleger

Die Entscheidung über die Rentabilität einer Investitionsalternative auf einer bestimmten objektiven und subjektiven Basis ist Ziel des Investors. Walz (2009) Unter Ziele werden die zukünftigen Zustände verstanden, die als Ergebnis bestimmter Verhaltensweisen auftreten. Kruschwitz (2000). Um herauszufinden, welche von mehreren Investitionsalternativen die beste ist, müssen die Ziele klar definiert werden; klare Definitionen der Ziele in Hinblick auf Verständlichkeit und differenzierter Beschreibung sind erforderlich. Kruschwitz (2000). Ein Investor hat in der Regel mehrere Ziele. Sogenannte Zielsysteme, die aus monetären und nicht-monetären Zielen bestehen, werden definiert. Diese werden im Detail in den folgenden Kapiteln beschrieben.

1.5 Herausforderungen bei Biogas-Projekt-Investitionen

In vielen Fällen ist ein einziger Bauer, einzelner Anleger oder auch eine Gruppe von Investoren nicht in der Lage, die Finanzierung des gesamten Projektes durch Eigenkapital zu stemmen. Daher sind Fremdkapital, EU-Subvention oder nationale Subventionen wesentlich für die Umsetzung einer Biogasanlage. Gemeinsame Finanzierungsmethoden sind Kredite von privaten oder staatlichen Banken. Traditionelle Kreditfinanzierung bei Banken ist die häufigste Art der Aufnahme von

Fremdkapital. Diese Form der Finanzierung wird nicht nur bei großen Investitionen verwendet, da sie regelmäßig in Biogas-Projekten benötigt werden, sondern umfasst auch viele kleinere private Darlehen. Die Bank oder eine staatliche Subventionsinstitutione prüft den finanziellen Hintergrund des Kreditnehmers, um über die Zuverlässigkeit und das Risiko des Projektes zu entscheiden. Von besonderem Interesse für die Finanzinstitute sind Wertpapiere, für den Fall, dass das Projekt scheitert. Diese Wertpapiere bestehen aus Immobilien, Komponenten der Biogasanlage, privatem und Firmen-Vermögenswert und allen anderen Vermögenswerten, die die Kredit-Summe decken. Darüber hinaus werden die Erfolgsaussichten des Projekts analysiert. Die Aussicht und die Entscheidungsfindung von Biogasprojekten in Ungarn werden im zweiten Abschnitt dieser Studie vertieft. In Deutschland sind die Laufzeit der Kredite für Biogas-Projekte sowie die Anzahl der tilgungsfreien Jahre stark abhängig von den Voraussetzungen des jeweiligen Biogas-Projekts.

2. Monetäre Ziele

Monetäre Ziele haben den Vorteil, dass sie immer quantifiziert werden können und diese können mit Hilfe von statischen und dynamischen Investitionsrechnungen über nichtmonetäre Ziele simuliert werden. Kruschwitz (2000). Das wichtigste Geldmengenziel ist der langfristige Gewinn. Die Vermögenswert-Maximierung zielt auf ein maximales Vermögen am Ende einer Betriebsperiode ab, das mit dem Kapitalwert berechnet werden kann. Schließlich bringt der Kapitalwert der Zunahme oder Abnahme der Finanzanlagen bei einer bestimmten Rendite auf ein Investment, gemessen auf die relative Entwicklung zu Beginn des Planungszeitraums. Blohm (2006). Die Einkommens-entwicklung zielt darauf ab, die Entfernung von jeder Periode, die mit dem Ertrag quantifiziert werden kann, zu maximieren. Die Rente ist ein Gewinn-Verhältnis, das den periodischen Erfolg widerspiegelt.

Die folgenden spezifischen Ziele für den Biogas Anleger sind zu definieren:

• Kapitalwert 1.000.000 € bei einem Diskontsatz von mindestens 5%

• Einkommen (Rendite) von mindestens € 100.000 oder 30.000.000 HUF pro Jahr

• Rentabilität von mindestens 10%

• Interne Rendite von mindestens 5%

<u>2.1 Nicht-monetäre Ziele</u>

Die Erreichung der nicht-monetären Ziele außerhalb der wirtschaftlichen Analyse kann durch eine Kosten-Nutzen-Analyse überprüft werden. Unter nicht-monetären Nutzenwerten versteht man die subjektive Wahrnehmung der spezifischen Anforderungen des Investors an der lohnenden Investitionsalternative. Seicht (2001). Der Anleger verfolgt hier die folgenden nicht-monetären Ziele, die rechtlicher, ökologischer oder technischer Natur sind:

• Die Garantiezeit für die Anlage von mindestens vier Jahren

• Unbürokratische Genehmigungsverfahren

• Vorteilhafte Eigenschaften der Gärreste

- Positive biologische Bilanz

- Prozessstabilität

- Hoher Automatisierungsgrad

2.2 Verwendungen von Biogas

Wie bereits angedeutet, zeichnet sich Biogas vor allem durch die Vielzahl von Anwendungen aus. Das erneuerbare Energie-Gesetz in Ungarn wurde vorbeireitet, um die Erzeugung und Einspeisung in Erdgasnetze zu unterstützen und als Kraftstoff in KWK-Anlagen zu verwenden, um Strom und Wärme zu erzeugen. Die so erhaltene elektrische und thermische Energie wird in die Versorgungsnetze eingespeist und/oder selbst verbraucht. Typische Einsatzgebiete für die aus Biogas gewonnene thermische Energie in landwirtschaftlichen Betrieben sind die Einspeisung in ein Fernwärmenetz zu Wohn- und Geschäftsgebäude sowie Stallungen und Tierzucht und die Warmwasserversorgung. Kaltschmitt (2001)

2.3 Biomassepotenzial

In Ungarn liegt ein großes Potenzial von Biomasse für die Energieproduktion bereit. Es ist wichtig, zwischen dem Potential des Forstwirtschaft und der Biomassepotenzial aus der Landwirtschaft zu unterscheiden. Im Allgemeinen sollte das Potential der Beurteilung sehr sorgfältig ausgewertet werden.

2.4 Landwirtschaftliches Potenzial

Während das Holzpotenzial weitgehend ausgeschöpft ist, werden vom Biogaspotenzial nur etwa 10% genutzt. Die Ungarische Landwirtschaft bietet gute Chancen für die Biogasbranche deren Anteil zu erhöhen. 57% des Landes bestehen aus landwirtschaftlichen Flächen. Jedes Jahr entstehen 14 bis 15.000.000 m³ Gülle in der Tierhaltung sowie 300.000 Tonnen Schlachtabfälle, die wiederverwertet und in Biogasanlagen entsorgt werden könnten. Landwirtschaftlicher Abfall aus der kommunalen Abwasserentsorgung wird in der Zukunft in einem größeren Volumen in Biogasanlagen verarbeitet. Diese wird durch Subventionen getrieben. Kommunales Abwasser wird bereits größtenteils in Biogasanlagen weiterverwendet. Die Landwirtschaft kann auch Brachflächen für den Anbau von Energiepflanzen wie Raps oder Sonnenblumen verwenden. Für diese könnten die Bauern wieder EU-Subventionen in Anspruch nehmen und deren Wirtschaft diversifizieren. Den höchsten Methangehalt im Biogas erhält die Stoffgruppe der Proteine mit 71%, Fette liefern ein Gas mit einem Methangehalt von ca. 68%. Am schlechtesten sind Kohlenhydrate, die nur 50% Methangehalt liefern. Eder (2006).

3. Planung von Biogas-Projektentscheidungen

In der Regel gibt es viele Ziele während der Entscheidungsfindung für eine große Investition, wie in unserem Beispiel eine Biogasanlage. Dazu gehören viele Entscheidungsfaktoren, u.a. folgende: Energiepreise in Kurz- und Langfrist, Branchenstruktur, Anteil der erneuerbaren Energien und der politischen Ziele, wirtschaftliche Argumente für und wider, Einspeisevergütung, Grüne Zertifikatseinnahmen, Landwirtschaftspotenzial, Biomassepotenzial, Einkommen aus dem Verkauf von Strom und Hitze, Genehmigungsverfahren für Biogaseinspeisung, Energiepflanzen, Subvention, Struktur, Partnern, Abschluss langfristiger Lieferverträge.

3.1 Hintergrund und Anlagealternativen

Basierend auf der deutschen KTBL-Berechnung setzen wir unseren Ausgangspunkt bei einem bestehenden landwirtschaftlichen Betrieb aus dem definierten „Probe-Bauer"-Investor an. Der Einzelunternehmer ist mit 320 Rindern für den Milchviehbetrieb definiert. In der Milchwirtschaft wird z.B. viel Milchviehmist (Gülle und Festmist) erzeugt, der in einer noch zu errichtenden landwirtschaftlichen Biogasanlage vergoren werden könnte. Das in der Anlage erzeugte Biogas wird durch Kraft-Wärme-Kopplung in Wärme und Strom umgewandelt. Der überflüssige Strom (Eigenbedarf − Produktion) wird vollständig in das Stromnetz eingespeist. Für die Nutzung von Abwärme ist ein Konzept erstellt worden, das Häusern und Wirtschaftsgebäuden mit einer Gesamtnutzfläche von 1.000 m² eine Heizung bietet. Die Gärreste werden als hochwertiger Dünger an landwirtschaftliche Kunden verkauft. Der Investor steht vor folgenden Anlagealternativen:

1. Alternative:

Bei der ersten Anlagealternative werden nur Gülle und Festmist von Rindern vergoren. Daher wird eine kleine Biogasanlage mit einer installierten elektrischen Leistung von 150 kW gebaut.

2. Alternative:

Bei der zweiten Anlagealternative wird die Einrichtung einer viel größeren 500 kW-Biogasanlage in Betracht gezogen. Hintergrund ist die Idee, dass die CO-Vergärung von nachwachsenden Rohstoffen aufgrund ihrer höheren Biogas- und Methanausbeute oft wirtschaftlicher ist, als die ausschließliche Vergärung von Mist.

Bei beiden Anlagealternativen ist es wichtig, die Dimensionen der Systeme zum Substratvolumen und dessen Gasausbeute zu planen. Nur durch eine Vollauslastung aller Systemkomponenten wird später die Effizienz der Systeme gewährleistet.

3.2 Substrat-Aufkommen

Zur Bestimmung des jährlichen Gülle- und Mist-Volumens von Vieh auf dem Bauernhof werden die Einheiten in standardisierten Vieheinheiten (GVE) umgerechnet. Anspach (2010). Nach der Umwandlung des Schlüssels zeigt KTBL das Ergebnis von 320 Rindern unterschiedlichen Alters. Die Vieheinheit hat eine jährliche Gülle-Beschlagnahme von 20 Tonnen und eine jährliche Mistmenge von ca. 11t zu erwarten. KTBL (2009). Bei der zweiten Alternative werden zudem 7.000 Tonnen Silomais von einem benachbarten Bauern gekauft und für die Co-Fermentation verwendet.

4. Finanzierung von Biogasanlagen

4.1 Möglichkeiten der Investoren in Ungarn

Interesse an der Errichtung von Biogasanlagen haben vor allem die Anbieter oder Produzenten von Input-Material. Daher können sie auch als Investoren des Projektes fungieren. Ungarische Banken haben noch kein spezielles Know-how im Bereich der Finanzierung von erneuerbaren Energieprojekten, wobei manche Marktteilnehmer Know-how aus Deutschland heranziehen. Am meisten identifiziert sich die OTP Bank als Spezialist in diesem Bereich, kommt aber erfahrungsgemäß nur als Partner in Großprojekten infrage. Die OTP Bank hat eine eigene Datenbank aufgebaut, zudem greift sie auch auf das Know-how und die Erfahrungen von der DZ BANK zu. Letztere kommt als Partner für kleine Projekte infrage, da sie durch die Sparbanken und Raiffeisenbanken vor Ort stark vertreten ist. Grundproblem bei der Suche nach Investoren ist jedoch die politische Unsicherheit sowie die Gewährung der Einspeisevergütung von Netzbetreibern. Eine absolut sichere Finanzplanung kann daher auf lange Sicht nicht so abgesteckt werden, wie für viele Investoren notwendig sein müsste.

4.2 Projektfinanzierung

Die Projektfinanzierung wird in der Regel auf eine ganz bestimmte Anlage maßgeschneidert. Der Finanzierungsbetrag wird vom eigenen Cashflow zurückgezahlt. Die finanzierende Bank ist in erster Linie am Cashflow aus dem Projekt / der Anlage interessiert. Im Gegensatz zu herkömmlichen Kreditfinanzierung hat der Finanzier in der Regel wenig oder gar keinen Zugang zu privatem oder Firmenkapital. Bei der Finanzierung eines Biogas-Projekts ist die Investition des Finanziers durch den geschätzten Cashflow der Anlage, die Elektrizität, den Anlagenkomponenten und durch die Eigenschaft der Inputstoffe gesichert. Voraussetzung für die Projektfinanzierung ist die Bildung einer eigenen Biogasprojektgesellschaft. Die Projektfinanzierung bietet deutlich höhere Risiken für die Geldgeber als eine herkömmliche Finanzierung, da die Darlehen nur zurückgezahlt werden, wenn das Projekt betriebsbereit ist und Erlöse erwirtschaftet. Daher sind die Banken und die Investoren daran interessiert, potenzielle Risiken zu minimieren. Alle Aspekte des Projekts sollten sehr sorgfältig analysiert worden sein, bevor es startet. Dies führt zu erhöhter Verwaltungsarbeit für beide Seiten. Der Anleger muss die gesamte Projektdokumentation sehr detailliert ausarbeiten. Dieser Vorgang ist wesentlich zeitaufwendiger als die eigenkapitalfinanzierte Variante.

Vorteile und Nachteile der Projektfinanzierungsstruktur:

+ Der Anleger haftet nicht mit privatem Vermögen beim Scheitern von Projekten.

+ Das Finanzinstitut hilft bei der Identifizierung und Zuordnung potenzieller Gefahren, aber auch zusätzlicher Einnahmequellen des Projekts.

+ Es ist egal, wie viele Investoren der Projektgesellschaft beitreten. So wird ein Konsortium der Landwirte gebildet, die wiederum gemeinsam eine Biogasanlage betreiben.

+ Kapazität für weitere Kredite ist nicht eingeschränkt, da der private Immobilien bzw. Vermögen der Konsortialteilnehmer nicht belastet wird.

- Hoher Verwaltungsaufwand.

- Eine Projektgesellschaft muss gegründet werden.

- Nicht jede Bank bietet die Möglichkeit der Projektfinanzierung.

- Zinsen könnten für die Kredite höher ausfallen.

<u>4.3 Leasing</u>

Die Einbeziehung von Leasingpartnern ist eine häufig angewandte Methode zur Erlangung von Beteiligungskapital für ein Biogas-Projekt. Leasing wird durch die Unterscheidung von Anlagenbauer (Leasinggesellschaft) und Anlagenführer (Leasingnehmer) gekennzeichnet. Die Leasing-Gesellschaft baut und finanziert die Anlage von Krediten oder Eigenkapital aus dem Leasinggeschäft. Danach überlässt das Unternehmen die Anlage dem Leasingnehmer, der die Risiken des Betriebs zu tragen hat. Der Leasingnehmer enthält alle Einnahmen aus dem Betrieb der Biogasanlage, muss aber Leasingraten an die Leasinggesellschaft zahlen. Nachdem der Leasingvertrag ausläuft, kann der Mieter entweder die Anlage entsprechend dem Restwert kaufen oder die Leasing-Gesellschaft hat es zurückzunehmen. Hierzu muss erwähnt werden, dass meistens nur Anlagenkomponenten verleast werden. Diese sind zum Beispiel die Gasmotoren zu Stromerzeugung oder Filteranlagen zur Einspeisung in das Erdgasnetz.

Vor-und Nachteile

+ Leasing-Partner bieten Know-how im Biogasanlage Bau und -Betrieb.

+ Externe Investoren haben die Möglichkeit, der Leasinggesellschaft beizutreten.

+ Landwirte mit niedrigem Eigenkapital haben die Möglichkeit, eine Biogasanlage zu betreiben.

- Die Leasinggesellschaft hat keinen direkten Einfluss auf den Betrieb der Anlage. So liegt Erfolg oder Misserfolg des Projekts in „der Hand eines anderen" (Leasingnehmer).

- Nachdem der Vertrag ausläuft, kann die Biogasanlage einen erheblichen Restwert haben, der die Entfernung oder Rücknahme unwirtschaftlich für die Leasinggesellschaft macht.

5. Entscheidungsprozess, Haupttreiber

<u>5.1 Energiepreise</u>

Durch die Öffnung des ungarischen Energiemarkts spiegeln die Energiepreise realistische Marktpreise. Nach dem Preisindex für Energiekosten von der Österreichischen Energieagentur (EVA) sind die Energiepreise für Haushalte und Industrie in der Zeit zwischen 1995 bis 2001 erheblich gestiegen (für Haushalte um 130% bis 150% für die Industrie). Nachdem sich der Strompreis von 1985 bis 2008 mehr als verdoppelt hat, gibt es für industrielle Stromkunden ab 2008 nun einen leichten Rückgang der Strompreise, während die Preise für die Haushalte weiter steigen.

5.2 Erträge- und Einnahmen-Bestimmung

Nach der Eingabe der Menge des Substrats und wenn die Dimensionierung der Biogasanlagen-Alternativen und die Finanzierung festgelegt sind, sind nun eine quantitative Prüfung und anschließende Untersuchung der Erlöse des Projekts möglich. Dies ist die elektrische Energie (Strom) und muss – als Neben- oder Co-Produkte – thermische Energie (Wärme) und Gärreste beinhalten. Anspach (2010). Eine sinnvolle Nutzung der Endprodukte ist wichtig für die wirtschaftliche Produktion von Biogas. Die Kalkulation soll anhand der laufenden Einnahmen aus der Einspeisevergütung für Strom und der Kostenersparnis für die verwendete Menge an Wärme und der erzielbaren Verkaufspreise für die erzeugten Biodünger sowie dem erzeugten Strom gemacht werden.

5.3 Biogas- und Methanerträge sowie Bruttobeträge der erzeugten Energie

Um die erzeugte Energie und Wärme exakt berechnen zu können, müssen die Biogas- und Methanausbeute-Kennzahlen in der Fermentation bekannt sein. Dies ist substratspezifisch und hängt von den jeweiligen organischen Trockenmassenanteilen von den Substraten ab. Diese können nach den KTBL-Prognosen vorab berechnet werden. Im Folgenden nehmen wir die Methanausbeute für die 150 kW-Anlage in Höhe von 303 724 Nm^3 und für die 500-kW-Anlage-Ergebnisse in Höhe von 1.049.854 Nm^3 an. 1 m^3 Methan hat einen Heizwert (Bruttoenergiewert) von 10 kWh. Daher die angenäherte Bruttojahresenergiemenge (kWh) in Höhe von 3.037.238 kWh und 10.498.538 kWh.

5.4 Politische Ziele

Das Ziel der ungarischen Regierung ist es, den Anteil der erneuerbaren Energien an der Gesamtenergieproduktion bis zum Jahr 2010 bis auf 5% zu erhöhen. Als langfristiges Ziel definiert die EU ein Mittel von 12% zu erreichen. Dieses Ziel ist unter anderem von den Anforderungen der EU-Richtlinie im Bereich der erneuerbaren Energien (Richtlinie 77/2002) für Umwelt und Versorgungssicherheit definiert. Da die Reserven der eigenen fossilen Brennstoffe nur noch als sehr niedrig eingeschätzt werden, wird die noch wenig gebrauchten Bioenergiepotenzial besser ausgeschöpft. Auf diese Weise soll die zunehmende Abhängigkeit von Importen reduziert werden. Darüber hinaus ist die Entwicklung von Bioenergie im Interesse der ungarischen Regierung, da die Zusammenarbeit mit den Lieferanten von Biomasse als Agrar- und Forstbetrieb die Erhaltung von Arbeitsplätzen in ländlichen Gebieten fördert.

5.5 Wirtschaftliche Argumente

Biomasse, Biogas oder Geothermie bieten im Vergleich zu Sonnenstrom oder Windenergie den Vorteil, gleichmäßig Energie zu erzeugen. Vor allem in ländlichen Gebieten kann Biogas weiter ausgebaut werden, um landwirtschaftliche Abfälle wie Gülle zu verarbeiten oder kommunalen Klärschlamm. Um die Kosten für die Entsorgung zu reduzieren, können diese Anlagen eine gute Alternative sein. Insgesamt ist ein weiterer Ausbau der Bioenergie (Biogas, aber auch Biomasse) in Ungarn wünschenswert, sowohl von politischer Seite als auch aus rein wirtschaftlicher Sicht. Das Wirtschafts- und Verkehrsministerium erarbeitet das politische und rechtliche Umfeld in Ungarn. Es entwickelt und bestimmt auf diese Weise die langfristige Energiestrategie. Die wesentliche Aufgabe des Ministeriums ist die jährliche Festlegung der Energiepreise (für Strom und Gas). Das ungarische Amt für Energie weist der ungarischen Energiebehörde die Funktion eines Reglers in der ungarischen

Energiemarkt zu. Unter der Aufsicht der Behörde sind sie für den Strom- und Gassektor, die Überwachung der Qualität der öffentlichen Dienstleistungen, die Vergabe von Lizenzen und die Bereitstellung von Verbraucherschutz zuständig. Im Auftrag des Ministeriums für Wirtschaft und Transport entwirft die Behörde Arbeitsgrundlagen für die Gestaltung der nationalen Energiepolitik. Das Ungarische Energiezentrum (Energia központ Kht) koordiniert nationale und internationale Maßnahmen zur Unterstützung der Einführung von erneuerbaren Energiequellen und die Maßnahmen der Energieeffizienz. Neben der Bereitstellung von Informationen zu Förder-programmen führt das Energiezentrum nationale Energiestatistiken und veröffentlicht Informations-broschüren über die allgemeine Energiefragen nach Elektrizitätsgesetz (Gesetz CX von 2001). Die Vorschriften für die Lieferung von Strom aus erneuerbaren Energien werden im Elektrizitätsgesetz (Gesetz CX von 2001 über Elektrizität mit der Regierungsverordnung 180/2002 (VIII.23) geregelt.

5.6 Einspeisevergütung in Ungarn

Nach dem obigen Gesetz ist der Versorgungsnetzbetreiber MVM AG verpflichtet, Strom aus erneuerbaren Quellen von unabhängigen Stromerzeugern, der von allen Erzeugungsanlagen (Solar, Wind, Biomasse und Biogas) mit einer Leistung von 0,1 MW produziert wird, zu übernehmen und im Verteilnetz weiterzuleiten. Wenn das System nicht an das Übertragungsnetz von MVM AG angeschlossen ist, sollte eine Entschädigung bzw. Vergütung durch die regionalen Verteilnetzbetreiber Édász, DÉMÁSZ, DÈDÀSZ, Titász, ELMÜ und ÈMÀSZ gewährt werden. Die Vergütung wird gemäß dem Dekret 56/2002 (XII 29) GKM durch das Ministerium für Wirtschaft bestimmt. Der Preis wird jährlich mit der Inflationsrate angepasst. Im Jahr 2003 war bei 24 HUF/kWh (ca. 9,26 EURct) für Strom für Spitzenlasten und 15 HUF/kWh (ca. 5,78 EURct) für Strom zu Grundlasten abzudecken. Das ergibt eine durchschnittliche Zahlung von 17,41 HUF/kWh (ca. 6,6 EURct). Diese Regelung behielt zunächst bis 31. Dezember 2010 ihre Gültigkeit. Eine große Kritik an dieser Regelung ist die mangelnde Vorhersehbarkeit und die gleichmäßige Gewährung der Entschädigung, unabhängig von der erneuerbaren Energiequelle. Darüber hinaus wird die Höhe der Entschädigung als unzureichend erachtet.

5.7 Grüne Zertifikate

Neben der garantierten Einspeisevergütung gibt es ein grünes Zertifizierungssystem in Ungarn. Nach der gesetzlichen Regelung wird ein Zertifikatssystem für regenerativ erzeugten Strom eingeführt. An HEO zertifizierte Produzenten von grünem Strom kann für jede produzierte Einheit ein entsprechendes Zertifikat vergeben werden. Stromverbraucher sind verpflichtet, bis Ende des Jahres für einen bestimmten Prozentsatz ihres Stromverbrauchs solche Zertifikate zu nutzen. Dies kann direkt die Stromproduzenten betreffen, oder der Verteilnetzbetreiber kauft auf einem Markt oder vom Erzeuger ein und leitet diese an den Verbraucher weiter. Für die Produzenten von Strom aus erneuerbaren Energien wird durch den Verkauf von Zertifikaten eine Einnahmequelle generiert.

5.8 Die Einnahmen aus Nebenprodukten und Düngemitteln

Die Berechnung für die Nebenproduktwerte als quantitative Ausgangsgröße für die vergorene Substratmenge kann als hochwertige, nährstoffreiche Düngemittel an landwirtschaftlich wichtige Kunden verkauft werden. Die Nährstoffe gehen durch die Fermentation nicht verloren, daher können die Gärreste in fließfähiger Form, und geruchsneutral konzentriert, als hochwertiges Düngermittel verkauft werden. Der Gärrest kann in vollem Umfang ein herkömmliches und umweltschädliches

Düngemittel ersetzen. Eder (2006). Der Wert dieser Dünger hängt nicht nur von den Mengen des Nährstoffgehalts (N, P, K) und den aktuellen Nährstoffpreisen ab. Auch zu berücksichtigen sind die geringfügigen Entstehungskosten: Der Dünger kann einen Erlös von 2,00 €/m³ erzielen. Mit dieser Kennzahl kann man rechnen.

5.9 Abschreibungen

Der Begriff „Abschreibung" ist als die Gewinn- und Verlustverteilung der Kosten der abschreibungsfähigen Anlageimmobilien über deren Nutzungsdauer zu verstehen. Aufgrund technischer Veralterung und Verschleiß werden Anlagen abgeschrieben. Mit der Abwertung der Anlagen in periodischen Phasen oder nach der Nutzung des Anlageobjekts kann gerechnet werden. Kalkulatorische Abschreibungen und Fixkosten werden vom Investor auf die Anlagenlebensdauer bzw. auf ihre Nutzungsdauer aufgeteilt. Mensch (2002). Um die Nutzungsdauer zu bestimmen, können die amtlichen AfA-Tabellen als Orientierung dienen, jedoch haben Systemkomponenten unterschiedliche Nutzungsdauern, diese sollten berücksichtigt werden. Für die ökonomische Bewertung von Biogasanlagen wird in der Literatur aus Gründen der Einfachheit oft eine einzige Lebensdauer von 16 Jahren für den gesamten Biogasanlage angenommen. Eder (2006).

5.10 Kalkulatorische Zinsen

Die kalkulatorischen Zinsen werden zu Fixkosten und für das durchschnittlich eingesetzte Kapital berechnet. Für eine vollständige Finanzierung aus Eigenkapital wird ein Zinssatz für langfristige Staatsanleihen (derzeit ca. 2%) zuzüglich einer Risikoprämie von 2% gewählt. Die kalkulatorischen Zinsen sind somit aus der Multiplikation des gewählten Zinssatzes von 4% mit dem durchschnittlich eingesetzten Kapital zu berechnen. Becker (2009).

5.11 Personalkosten

In der Landwirtschaft sind Personalkosten wie Löhne und Lohnnebenkosten variable Kosten und können zum Teil angepasst werden. Während die Systemunterstützung im wesentlichen Routinearbeiten wie Betriebsprüfungen, Wartung und Fehlerbehebungen sowie Büroarbeit in Bezug auf die Datenerhebung und Organisation umfasst, bindet das Substrat-Management Arbeitszeiten für die Fütterung der Anlage und für die Verarbeitung, Lagerung und Dosierung der verwendeten Substrate. Koch (2009). Im Prinzip können der Betrieb einer Vergärungsanlage und die Substrateinspeisung parallel erledigt werden, also durch durchdachte Organisation Personal eingespart werden. In der Regel sind in landwirtschaftlichen Biogasanlagen – im Gegensatz zu Biogasanlagen, die mehrere Vollzeit-Mitarbeiter benötigen – ein bis fünf Stunden am Tag ausreichend, je nach Prozessorganisation. In der Literatur wird die Ansicht vertreten, dass mit zunehmender Größe des Systems, sich auch das Niveau der Automatisierung erhöht, wodurch eine relative Abnahme der eingesetzten Arbeitsstunden zu verzeichnen ist. Eder (2006) und Philipp (2006). Aufgrund der hohen technischen Anforderungen einer Biogasanlage, sollte ein hoher Anspruch an die Qualifikation und Zuverlässigkeit der Mitarbeiter gestellt werden. Der vertretbare Stundensatz inklusive aller Lohnnebenkosten von 8-9 €/h erscheint akzeptabel. Koch (2010). In der größeren Biogasanlage wird eine höhere Arbeitsbelastung als bei der kleineren Anlage angenommen. Diese resultiert aus einer höheren Anzahl an Arbeitsstunden wegen dem aufwendigeren Substrat-Management.

5.12 Substratkosten

Rindergülle und Rinderfestmist sind Abfallprodukte der eigenen Milchviehhaltung und für die eigene Biogasanlage kostenlos. In der zweiten Anlagealternative wird auch Silomais mitvergärt und für die Biogasproduktion gekauft. Mais ist besonders vorteilhaft und sehr anspruchslos in Bezug auf den Boden. Philipp (2006). Je nach den spezifischen Anbaukosten (Saatgut, Dünger, Arbeits- und Maschinenkosten für Düngerstreuen, Mähen, Hacken und Transport) fallen für 1 ha Silomais ca. 1000 Euro an. Bei einer durchschnittlichen Ertragsniveau von 44 t/ha entspricht der Preis pro Tonne 25,50 € in Deutschland, inklusive 5% Gewinn-und Risikozuschlag. Röder (2005). Die ungarische Kostenstruktur ist stark abhängig von der Lage und dem Arbeitsaufwand, wobei nicht mit viel weniger zu rechnen ist.

5.13 NPV (Net Present Value)-Methode

Mit Hilfe der Barwert-Methode wird der Kapitalwert einer Investition bestimmt. Hierzu wird zunächst zu jedem Zeitpunkt etwas in verschiedenen Ebenen der Zahlungsüberschüsse gemacht (Kaution – Zahlung) in einem geeigneten Diskontsatz auf den Barwert abgezinst. Becker (2009). Der Barwert ist der Wert, der die zukünftigen Zahlungen zu einem früheren Zeitpunkt angibt (in der Regel die Zeit unmittelbar vor der Investition). Diese Barwert-Berechnung ist notwendig, um die Vergleichbarkeit der Zahlungen bzw. den Wert eines Projektes bestimmen zu können. Der Barwert ist der Gesamterfolg einer Anlagerendite, die über die gesamte Nutzungsdauer oder den gesamten Beobachtungszeitraum generiert wird. Hoffmeister (2010). Ein positiver Kapitalwert und Barwert zeigt an, dass die Investition über die gewünschte Mindestverzinsung auch noch eine positive Summe X erzeugt. Das Entscheidungskriterium ist: Eine Investition ist vorteilhaft, wenn der Nettowert größer oder gleich Null ist, es wird die Anlagealternative gewählt, deren Nettowert am größten ist. Becker (2009).

6. Anlageentscheidung unter Unsicherheit

Investitionsentscheidungen basieren immer auf der Prognose der zukünftigen Werte (erzielbarer Erlös), die immer wegen ihrer Unberechenbarkeit mit Unsicherheit behaftet ist. Unsicherheit bedeutet, dass der Wert des Ziels (z.B. der Kapitalwert) klar und eindeutig nicht vorhersehbar ist, aber dieser zukünftige Wert für möglich gehalten wird. Wenn Unsicherheiten nicht in der Investitionsrechnung richtig einbezogen werden; kann das zu falschen Entscheidungen oder Veränderungen im Feed-in-Tarifsystem führen, oder steigende bzw. sinkende Gas-und Strompreise nach sich ziehen. Zudem kann es durch die falsche Auswahl der Anlagealternative zum Gewinneinbruch oder auch zum Scheitern des Projekts kommen. Mensch (2002).

Unsicherheiten können in Unsicherheit und Risiko aufgeteilt werden. Wenn keine Wahrscheinlichkeiten für die Unsicherheiten ermittelt werden, und eine Entscheidung unter Unsicherheiten getroffen wird, dann wird von Entscheidungen unter Risiko gesprochen. Hoffmeister (2008). Um die Unsicherheit in den Investitionsentscheidungen zu integrieren, stehen in der Investitionsrechnung der Praxis zwei Methoden zur Auswahl: das Korrekturverfahren und die Risikoanalyse.

6.1 Korrekturverfahren

Das Korrekturverfahren versucht, mit einfachen Methoden das Anlagerisiko bewältigen, indem man alle berechneten und geschätzten Werte (Eingangs- und Ausgangsgrößen) mit einem Zuschlag oder Abschlag versieht. Kruschwitz (2000). Diese Methode ist sehr beliebt in der Praxis, da sie relativ einfach zu handhaben ist. Eine kritische Auseinandersetzung mit dieser Methode ist jedoch zu dem Schluss gekommen, dass sie riskant und für Anlageentscheidungen ungeeignet ist. Der Grund liegt in der Willkür der Zuschläge. Die Additionen werden nicht analytisch abgeleitet und die Sicherheitskalküle oft in der Rechnung übernommen, somit das Risiko ggf. verdoppeln. Kruschwitz (2000). Aufgrund seiner methodischen Schwächen ist das Korrekturverfahren nur für kleinere Projekte geeignet. Für Projekte mit hohem Planungsaufwand lohnt es sich wegen der Ungenauigkeit nicht, diese Methode zu benutzen. Daher wird das Korrekturverfahren für diese Fallstudie nicht betrachtet. Verwendet wird aber ein 3%-iger Inflationsabschlag auf Zahlungen im Rahmen der Bestimmungen der periodischen Rendite.

6.2 Risikoanalyse

Risikoanalyse ist ein Verfahren, mit dem Gefahren und deren Ursachen erkannt und ihre Risiken qualitativ und quantitativ erfasst werden. Das wesentliche Grundprinzip der Risikoanalyse ist es, eine Wahrscheinlichkeitsanalyse der Ausgabegröße der Investitionsrechnung (z.B. Kapitalwert) und sichere Informationen über die relevanten Eingangsgrößen abzuleiten. Hoffmeister (2008). Zunächst müssen die relevanten unsicheren Eingangsgrößen der Investitionsrechnung gewählt werden. Anschließend werden die Umweltbedingungen festgelegt. In der Regel werden zugeordnetete subjektive Wahrscheinlichkeitsannahmen getroffen, also Werte zwischen 0 (tritt nicht auf) und 1 (tritt auf). Hoffmeister (2008). Unter Berücksichtigung der stochastischen Abhängigkeiten zwischen den unsicheren Eingangsgrößen wird die Wahrscheinlichkeitsverteilung für die Ausgangsgröße ermittelt. Kruschwitz (2000). Dies kann mittels analytischer oder Simulationsanalyseverfahren durchgeführt werden. Allerdings sind diese Prozesse so komplex und vielfältig, dass dies über den Rahmen der vorliegenden Arbeit hinausgeht. Die Entscheidung über die Bevorzugung einer Anlagealternative hängt von der jeweiligen Risikoeinstellung des Anlegers ab. Hoffmeister (2008).

6.3 Bestimmung der unsicheren Eingangsgrößen

Als Eingangsgrößen werden unsichere Investitionsausgaben, Diskontsatz, Nutzungsdauer der Investitionen, Umsatz, Verkaufspreise für Strom und Gas, Ausgaben, fixe und variable Kosten und Kaufpreise der verfügbaren Input-Stoffe betrachtet. Blohm (2006). Investitionsausgaben, Diskontsatz und Nutzungsdauer sollten in der Biogasanlage als relativ sichere Werte berücksichtigt werden. Absatzmengen im Betrieb einer Biogasanlage, also elektrische Energie (Strom), thermische Energie (Wärme) und der Gärreste (Dünger) sind abhängige Werte, damit mit Unsicherheit behaftet. Die Menge an Energie (Strom- und Wärmemengen), die produziert werden, können sehr genau vorhergesagt und berechnet werden, wenn Biogas- und Methanausbeuten und der Wirkungsgrad der KWK-System bekannt sind und die Anlage läuft. Der Absatz kann als unsicher angesehen werden, denn das erneuerbare Energien-Gesetz gibt nur Sicherheit für den Netzbetreiber, der die Elektrizität übernimmt und bezahlt. Die jährlichen Abnahmevergütungen werden trotzdem jedes Jahr neu festgelegt und sind abhängig von den aktuellen Netzkosten und den Erdgaspreisen. Die Regierung kann diese Vergütung sogar zweimal im Jahr ändern. Die erzeugte Wärme ist de facto eine Ersparnis von anderen Ressourcen. Sie ist ein substituierter fossiler Brennstoff, der sonst gekauft hätte werden müssen. Daher sollte die geringste Substitutionswert in Ungarn (ca. 0,55 € pro Liter) gesetzt werden. Dieser Wert ist ein Kaufpreis, der mit der Inflation steigt und Nachfrage-getrieben reagiert. Obwohl die produzierte Menge an Gärresten auch genau vorhergesagt und berechnet werden kann, können im Gegensatz dazu das aktuelle oder erreichbare Umsatzvolumen und auch der Verkaufspreis ungewiss sein. Schließlich kann man nicht vorhersagen, ob die Gärreste jemals einen Käufer finden, und wenn ja, zu welchem Preis. Besondere Aufmerksamkeit sollte jedoch auf die Substratkosten für die Beschaffung von Silomais gelegt werden. Die Rohstoffpreisentwicklung ist Gegenstand vieler Untersuchungen, da diese starken Preisschwankungen unterliegt. Auf der Einnahmenseite der Serie von Zahlungen ist der Absatz der Gärreste und auf der Ausgabenseite können die Substratkosten als unsicher eingestuft werden.

7. Zusammenfassung

Biogas-Projekte können durch viele verschiedene Optionen finanziert werden. Jedes Finanzierungsmodell hat besondere Vorteile und Nachteile für den Anleger und die Finanzierungsbeteiligten. Es ist sehr wichtig für eine erfolgreiche Implementierung und den Betrieb, die richtige Finanzierungsmöglichkeit für das Projekt auszuwählen. Es muss sehr sorgfältig geprüft werden, welche Kosten vorkommen und welche Einnahmen aus dem Betrieb der Biogasanlagen Projekts zu erwarten sind.

Diese Fallstudie hat eine Entscheidung gezeigt, in eine landwirtschaftliche Biogasanlage zu investieren. Untersucht wurde die Präferenz eines von zwei sich gegenseitig ausschließenden Investitionsalternativen: Die Einrichtung einer reinen Gülle-Fermentationsanlage mit einer installierten elektrischen Leistung von 150 kW als erste Alternative oder der Bau einer industriellen Größe, also einer 500-kW-Anlage, die neben Gülle auch Silomais verarbeiten kann. Der Betrieb einer landwirtschaftlichen Biogasanlage ist nachweislich möglich und auch rentabel. Die Entscheidung über die Vorteile – sowohl absolut als auch relativ gesehen – wurde auf der Basis der spezifischen Anlegerziele durch eine geeignete Investitionsrechnungsmethode getroffen. Als geeignete Berechnungsmethoden wurden statische und dynamische Investitionsrechnungen sowie für die nicht-monetären Ziele eine Kosten-Nutzen-Analyse als Gegenpart zu den monetären Zielen durchgeführt. In Vorbereitung auf die Investitionsrechnungen wurden Gewinn, Umsatz und Kostenanalysen notwendig. Anhand der Investitionsrechnungen fällt die Entscheidung auf die zweite Anlage mit 500 kW Leistung. In allen Punkten wurde diese als besser befunden. Diese Anlage war in der Lage, die erforderlichen Geldanleger-Ziele zu erfüllen und diesen gerecht zu werden:

- Kapital in Wert von 1 Mio. € bei einem Diskontsatz von 5%

- Einkommen (Rente) von mindestens 100.000 € pro Jahr

- Profitabilität von mindestens 10%

- Interne Rendite von mindestens 5%

Eine Kontrolle durch eine Sensitivitätsanalyse wurde durchgeführt, die Investitionsentscheidung unter Unsicherheit führte zu dem gleichen Ergebnis. Somit kann die Entscheidung zur Konstruktion der größeren Biogasanlage als langfristige wirtschaftliche Perspektive betrachtet werden, insbesondere wenn die gesetzlichen Bestimmungen Änderungen unterliegen. Politische Aspekte spielen bei der Wirtschaftlichkeit eine große Rolle. Eingriffe in den Energiesektor wären nicht schlimm, wenn die Maßnahmen der Regierung die Effizienz, Rationalisierung und Verringerung der Energieabhängigkeit als Zielsetzung hätten. Im Gegensatz, es werden in diesem Sektor unter anderem Gebühren („Robin Hood"-Steuer, Wirtschaftssteuer) erhoben. Diese zeigen in die entgegengesetzte Richtung, zu Investitionsreduktion , geschnitten Rücklagen, und Kosten-steigerungen bei den Produzenten. Die wirtschaftliche Sicht ist durch diese Maßnahmen bereits zu eine sozialen Frage geworden. Sogar mehr, die Energiekosten-Reduktion wurde auf die politische Fahne geschrieben und ist zur politischen Zielsetzung geworden. Die Notwendigkeit einer Solidarität auf der Grundlage der Versorgung ist unumstritten, aber für die Entwicklung und Technik der Landwirtschaft wäre wahrscheinlich eine berechenbare Grundlage zielführender. Die Notwendigkeit eines langfristigen Programms für erneuerbare Energien ist wichtig, ansonsten führt der Entscheidungsprozess zu der absolut klaren Antwort, in der Zukunft nicht in vage Vermutungen und Annahmen zu investieren. Vor allem, wenn die Regierung es ernst meint mit der zusätzlichen Energiekosten-Reduzierung um weitere 10%, sodass in der Gesamtheit 20% oder sogar 30% rauskommen. Diese wird zu einem Investitionstop oder sogar zu einer Flucht aus dem Markt führen. Währenddessen werden die Energieeffizienz und die landwirtschaftliche Entwicklung nicht vorangetrieben.

Referenzen

Anspach, V., (2010): Status quo, Perspektiven und wirtschaftliche Potentiale der Biogaserzeugung auf landwirtschaftlichen Betrieben im ökologischen Landbau , 1. Auflage, Kassel

Adam, D. (1994): Investitionscontrolling, 1. Auflage, München

Becker, H. P. (2009): Investition und Finanzierung – Grundlagen der betrieblichen Finanzwirtschaft, 3. Auflage, Wiesbaden

Blohm, H., Lüder, K., Schäfer, C. (2006): Investition – Schwachstellenanalyse des Investitionsbereichs und Investitionsrechnung, 9. Auflage, München

Dena (2012) biogaspartner – a joint initiative: Biogas Grid Injection in Germany and Europe –Market, Technology and Players. Available unter:

http://www.dena.de/fileadmin/user_upload/Publikationen/Erneuerbare/Dokumente/biogaspartner-a_joint_initiative_2012.pdf accessed. 03.03.2014

Dominik Rutz Erik Ferber (2012): Possibilities of financing a biogas investment.Available unter: http://www.biogasin.org/files/pdf/WP5/D5.5_Possibilities_of_financing_a_biogas_investment.pdf acessed. 01.03.2013 accessed. 03.03.2014

Eder, B., Schulz, H. (2006): Biogas-Praxis – Grundlagen, Planung, Anlagenbau, Beispiele, Wirtschaftlichkeit, 3. Auflage, Staufen bei Freiburg

Catepillar: Biogas Project Financing (2012) Available unter:

http://finance.cat.com/cda/files/3631934/7/BiogasProjectFinancing-DEDQ1247REV.pdf accessed. 03.03.2014

Enegiaklub, Dr. Lengyel Attila (2010) : Megújúló Alapú Energiatermelö Berendezések Engedélyezési Eljárása.

Henning Hahn, Dominik Rutz, Erik Ferber, Franz Kirchmayer: Examples for financing of biogas projects in Germany, 2010. Available unter:

http://www.biogasin.org/files/pdf/Biogas_financing_in_Germany.pdf accessed. 01.03.2013

Görisch, U., Helm, M. (2007): Biogasanlagen – Planung, Errichtung und Betrieb von landwirtschaftlichen und industriellen Biogasanlagen, 2. Auflage, Stuttgart

Hoffmeister, W. (2008): Investitionsrechnung und Nutzwertanalyse – Eine entscheidungsorientierte Darstellung mit vielen Beispielen und Übungen, 2. Auflage, Berlin

Kaltschmitt, M., Hartmann, H. (2001): Energie aus Biomasse – Grundlagen, Techniken und Verfahren, 1. Auflage, Berlin

Koch, M., (2009): Ökologische und ökonomische Bewertung von Co- Vergärungsanlagen und deren Standortwahl, 1. Auflage, Karlsruhe

Kruschwitz, L. (2000): Investitionsrechnung, 8. Auflage, München

Kuratorium für Technik und Bauwesen in der Landwirtschaft (KTBL) (2009): Faustzahlen Biogas, 2. Auflage, Darmstadt

Kuratorium für Technik und Bauwesen in der Landwirtschaft (KTBL) (2010): KTBL-Heft 88: Gasausbeute in landwirtschaftlichen Biogasanlagen, 2. Auflage, Darmstadt

Mensch, G. (2002): Investition – Managementwissen für Studium und Praxis, 1. Auflage, München

Walz, H., Gramlich, D. (2009): Investitions- und Finanzplanung – Eine Einführung in finanzwirtschaftliche Entscheidungen unter Sicherheit, 7. Auflage, Frankfurt am Main

Weise, A. (2010): Eine wirtschaftliche und verfahrenstechnische Betrachtung mehrstufiger Biogasanlagen und besonderer Berücksichtigung von Abfallsubstraten, 1. Auflage, Norderstedt

Seicht, G. (2001): Investition und Finanzierung, 10. Auflage, Wien

Sine, W. D., Haveman, H. A., & Tolbert, P. S. (2005). Risky Business? Entrepreneurship in the New Independent-Power Sector. *Administrative Science Quarterly, 50* (2), pp. 200-232.

Spilker, R. (1981). Biomass: Grow Your Own Energy. Ambio , 10 (5), pp. 232-233.

Welke, B. (2010). Die integrierte Vorhabengenehmigung. Tübingen: Mohr Siebeck.